Discovery
EDUCATION

맛있는 과학

디스커버리 에듀케이션
맛있는 과학-33 자연재해

1판 1쇄 발행 | 2012. 4. 18.
1판 4쇄 발행 | 2018. 3. 11.

발행처 김영사
발행인 고세규
등록번호 제 406-2003-036호
등록일자 1979. 5. 17.
주 소 경기도 파주시 문발로 197(우10881)
전 화 마케팅부 031-955-3102 편집부 031-955-3113~20
팩 스 031-955-3111

값은 표지에 있습니다.

ISBN 978-89-349-5621-1 64400
ISBN 978-89-349-5254-1 (세트)

좋은 독자가 좋은 책을 만듭니다. 김영사는 독자 여러분의 의견에 항상 귀 기울이고 있습니다.
독자의견전화 031-955-3139 | 전자우편 book@gimmyoung.com | 홈페이지 www.gimmyoungjr.com
어린이들의 책놀이터 cafe.naver.com/gimmyoungjr | 드림365 cafe.naver.com/dreem365

어린이제품 안전특별법에 의한 표시사항

제품명 도서 **제조년월일** 2018년 3월 11일 **제조사명** 김영사 **주소** 10881 경기도 파주시 문발로 197
전화번호 031-955-3100 **제조국명** 대한민국 **⚠주의** 책 모서리에 찍히거나 책장에 베이지 않게 조심하세요.

최고의 어린이 과학 콘텐츠

디스커버리 에듀케이션 정식 계약판!

Discovery EDUCATION

맛있는 과학

33 | 자연재해

태영경 글 | 진주 그림 | 류지윤 외 감수

주니어김영사

차례

1. 자연재해

2. 태풍

3. 가뭄 그리고 홍수

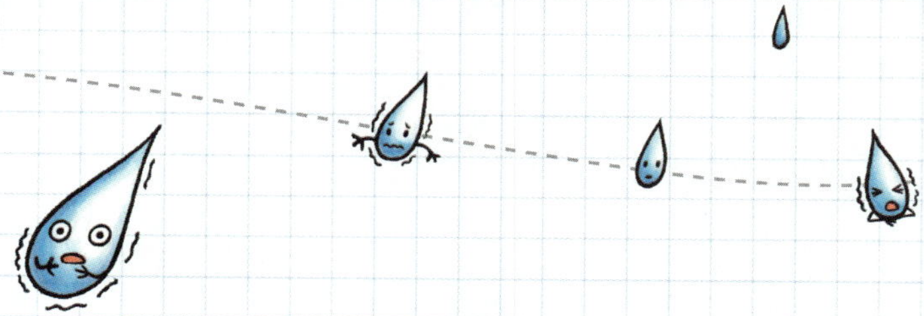

4. 지진 그리고 화산

5. 해일과 황사

6. 기상이변과 자연재해

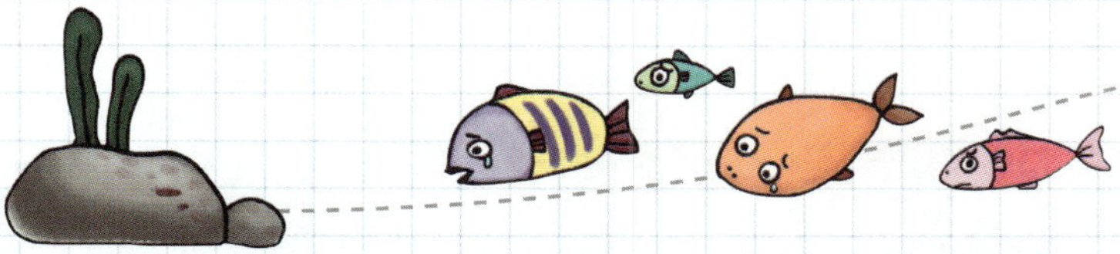

관련 교과

초등 3학년 1학기 4. 날씨와 우리 생활
초등 4학년 2학기 4. 화산과 지진
중학교 2학년 6. 태양계

1. 자연재해

갑작스러운 태풍 탓에 비행기가 뜨지 못했습니다. 오랜만에 계획했던 가족 여행이었는데 자연재해 때문에 갈 수가 없었어요. 지난 여름에는 가뭄 때문에 시골에서 농사를 지으시는 할머니, 할아버지께서 무척 속상해하셨지요. 도대체 자연재해가 무엇이기에 우리 가족을 자꾸만 속상하게 할까요?

피할 수 없는 자연재해

지진이나 태풍, 홍수, 화재, 전염병처럼 뜻하지 않게 생긴 일로 받는 피해를 재해라고 합니다. 그중에서도 갑작스러운 자연현상 때문에 생기는 피할 수 없는 재난을 자연재해라고 하지요. 반대로 인간 때문에 생기는 재해는 인재라고 해요. 대표적인 인재로는 전쟁이나 환경오염으로 받는 피해 등이 있습니다. 이러한 인재들은 미리 대처하여 막을 수 있다는 특징이 있어요. 재해가 일어나지 않도록 노력할 수 있지요. 하지만 자연재해는 너무 갑작스럽게 닥치기 때문에 미처 피할 수가 없답니다.

우리가 잘 알고 있는 자연재해에는 무엇이 있을까요? 태풍이나 가뭄, 홍수, 지진, 화산 폭발, 해일 같은 것들 모두 자연재해에 속합니다. 우리나라에서 자주 볼 수 있는 자연재해로는 태풍과 홍수 등이 있어요. 이웃 나라인

화산이 폭발하여 엄청난 양의 화산재와 연기를 분출하고 있다.

오래된 가뭄으로 땅이 갈라졌다.
ⓒ Tomas Castelazo@the Wikimedia Commons

일본이 가장 두려워하는 자연재해는 지진이지요. 일본에서는 종종 규모가 큰 지진이 일어나 수많은 사람의 목숨을 빼앗기 때문이에요. 이렇듯 자연재해는 인간의 생명을 위협합니다. 그러니 자연재해가 오는 것을 쉽게 생각하고 지나쳐 버릴 수 없겠지요?

인간은 큰 피해를 주는 자연재해를 관측하기 위해 끊임없이 노력해 왔습니다. 혹시라도 자연재해가 닥칠까 봐 매일같이 연구하고 있어요. 이제는 과학이 발전하여 좀 더 구체적인 관측을 할 수 있게 되었습니다. 언제쯤 화산이 터질 것인지, 언제 폭풍이 올 것인지 예상할 수 있지요. 그 덕분에 우리는 기상 예보나 지진 예보 등을 보며 자연재해에 대비할 수 있습니다. 하지만 이러한 관측은 단지 추측일 뿐이에요. 자연재해가 언제 어떻게 올 것인지는 그 누구도 확실하게 알 수 없답니다. 그러니 항상 기상의 변화에 관심을 기울이며 자연재해에 신경 써야 해요.

자연재해의 종류

재해를 인재와 자연재해 등으로 나누는 것처럼 자연재해 또한 크게 기상재해, 지변재해, 동물재해로 나눌 수 있어요.

기상재해는 태풍이나 홍수, 큰 눈, 서리, 가뭄, 바닷물이 육지를 뒤덮는 해일과 같이 기상 때문에 입는 재해를 말합니다. 추위나 더위, 안개 등으로 입는 피해 역시 기상재해에 속해요. 지변재해는 우리가 발을 딛고 서 있는 땅이 재해를 입는 것이에요. 지진이나 화산 폭발, 산사태 등을 지변재해라고 합니다. 동물재해는 병충해와 전염병, 풍토병 때문에 입는 재해를 말해요. 혹시 아프리카나 중국과 같이 대륙이 큰 나라에서 메뚜기 떼가 나타나 농작물을 모두 먹어 버렸다는 뉴스를 본 적이 있나요? 이와 같은 경우도 동물재해에 속한답니다.

병충해

농작물이 병이나 해충 때문에 입은 피해를 병충해라고 합니다. 병충해를 입으면 농작물의 품질이 떨어지거나 수확률이 줄어들어요.

풍토병

지역의 특수한 기후나 땅의 성질 때문에 생기는 병을 말합니다. 열대 지방의 말라리아, 일본의 일본 뇌염이 풍토병에 속해요.

메뚜기 떼가 농작물을 모두 먹어 버리는 것은 동물재해다. ⓒ stee@flickr.com

TIP 요건 몰랐지?

우주의 자연재해, 태양 플레어

태양 플레어란 태양 대기에서 발생하는 폭발 현상을 말합니다. 수소 폭탄 수천만 개를 한꺼번에 터트리는 것과 같은 강력한 폭발이지요. 태양 플레어가 일어나기 위해서는 몇 시간 또는 여러 날에 걸쳐서 에너지가 형성되어야 해요. 하지만 폭발은 몇 분 안 되는 짧은 시간 동안 일어납니다.

태양 플레어는 지구 주변의 우주 기상에 아주 큰 영향을 미칩니다. 태양 플레어는 약한 X선을 가지고 있는데, 이 X선은 무선 통신에 영향을 미치기도 하고, 인공위성을 끌어당겨서 궤도 이상을 만들어 내기도 한답니다.

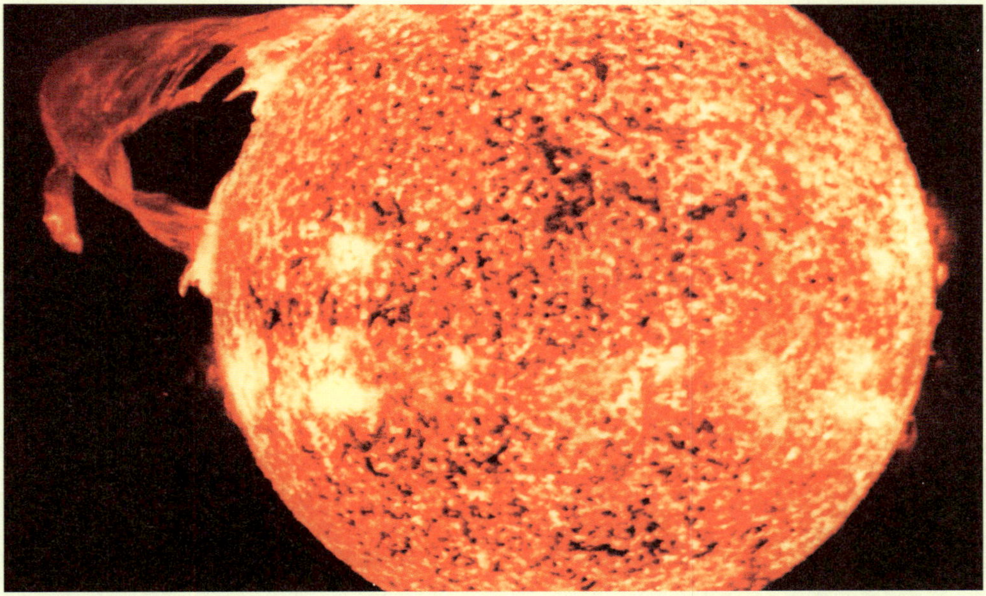

태양 플레어

Q&A 꼭 알고 넘어가자!

문제 1 자연재해에 대해 설명해 보세요.

문제 2 겨울에 일어나는 자연재해로는 주로 어떤 것이 있을까요? 그 피해에 대해서도 이야기해 보세요.

3. 인간은 자연재해를 관측하기 위해 끊임없이 노력해 왔습니다. 이제는 과학이 발전하여 좀 더 구체적인 관측을 할 수 있어요. 기상 예보나 지진 예보 등을 들으며 자연재해도 대비하고 있습니다. 하지만 이러한 관측들은 단지 추측일 뿐이므로 항상 기상의 변화에 관심을 기울이며 자연재해에 신경 써야 해요.

문제 3 우리는 자연재해를 극복하기 위하여 어떤 노력을 하고 있나요?

정답

1. 태풍이나 가뭄, 홍수, 큰 눈, 지진, 화산 폭발, 해일처럼 갑작스러운 자연현상 때문에 생기는 재난을 말해요. 너무 갑작스럽게 일어나므로 미처 피할 수 없습니다. 자연재해는 크게 기상재해, 지변재해, 동물재해로 나눌 수 있어요. 때로 이러한 자연재해들은 인간의 생명을 위협합니다.

2. 큰 눈이 와서 생기는 자연재해가 있습니다. 눈이 많이 오면 도로에 쌓인 눈 때문에 교통이 마비되어요. 차는 물론이고 때론 지하철까지 움직이지 못하지요. 또 큰 눈이 내리고 날이 추워지면 식물들도 꽁꽁 얼어 죽고 만답니다.

관련 교과

초등 3학년 1학기 4. 날씨와 우리 생활
초등 6학년 2학기 2. 일기 예보
중학교 3학년 4. 물의 순환과 날씨 변화

2. 태풍

우리 가족의 여행을 방해한 태풍은 커다란 비행기도 헤쳐 나가지 못할 정도로 그 위력이 대단합니다. 바다뿐만 아니라 육지에도 큰 피해를 주는 태풍은 과연 어떻게 생겨났을까요? 우리에게 커다란 상처를 준 태풍에는 어떤 것들이 있을까요? 지금부터 태풍에 대해 자세히 알아보아요.

태풍이란 무엇일까요?

열대저기압

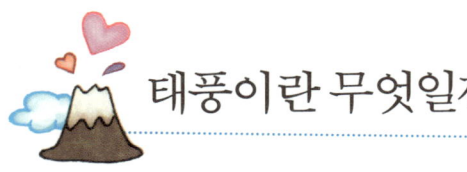

열대 지방의 해상에서 발생하는 저기압이에요. 중심부에 태풍의 눈이 있는 게 특징입니다.

위성에서 찍은 태풍의 눈.

태풍이란 북태평양 남서부에서 발생하여 아시아 대륙의 동부로 불어오는 열대저기압을 말합니다. 강력한 폭풍우와 합쳐진 맹렬한 열대저기압이지요. 1초에 17m 이상의 속도로 바람이 불며, 중심과 수십 킬로미터 떨어진 곳에서 바람이 가장 세게 불어요. '태풍의 눈' 이라고 불리는 중심 부분은 오히려 조용한 편입니다. 보통 우리나라에는 7~9월에 많이 찾아오며, 그때마다 엄청난 피해를 남깁니다.

태풍은 대부분 27℃가 넘는 바닷물의 표면에서 발생합니다. 태풍이 생기려면 높은 온도가 필요하기 때문에 주로 뜨거운 북태평양 남서부 지역에서 많이 발생한답니다. 태풍은 태양에 증발하는 바닷물의 수증기에서 필요한 에너지를 얻으므로, 수증기의 양이 적은 육지에 닿으면 자연스럽게 세력이 약해져요.

TIP 요건 몰랐지?

태풍의 조건

북태평양 남서부 지역에서 불어오는 바람은 모두 태풍이라고 불러도 될까요? 아닙니다. 태풍이라는 이름을 얻기 위해서는 몇 가지 조건이 필요해요. 첫 번째로, 최대 풍속이 초속 17m 이상이어야 합니다. 태풍은 강한 비바람을 몰고 오기 때문에 느리게 부는 바람은 태풍이 될 수 없어요. 그래서 세력이 약해지면 태풍이라는 말 대신 '열대저압부' 라고 부르지요. 열대저압부보다 힘이 더 약해지면 '온대저기압' 이라고 부릅니다. 이뿐만이 아닙니다. 위성사진을 분석하고, 강풍 반지름이 있는지 확인하는 등 여러 가지 검토를 거쳐야만 태풍이라는 이름을 얻게 되어요. 그러니 북태평양 남서부 지역에서 불어오는 바람이 모두 태풍은 아니랍니다.

태풍의 이름

제비, 버들, 나리, 파마, 피토와 같은 이름들은 무엇을 부르는 이름일까요? 놀랍게도 모두 태풍을 부르는 이름이랍니다. 막대한 피해를 입히는 강력한 자연재해 태풍에게 제비, 버들과 같이 귀여운 이름을 붙이다니 정말 어울리지 않지요? 이렇게 태풍에는 다른 자연현상이나 재난과 달리 제각각 이름이 있습니다. 이 태풍의 이름은 누가 지을까요? 그리고 어떻게 지어낼까요?

태풍 두 개가 동시에 다가오고 있다.

태풍에 이름을 붙이기 시작한 것은 1953년부터였습니다. 태풍은 일주일 이상 계속될 수 있기 때문에, 같은 지역에 여러 개의 태풍이 생기는 경우 태풍 예보를 헷갈리지 않도록 이름을 붙이기 시작했지요.

태풍에 처음 이름을 붙인 사람은 호주의 예보관들이었습니다. 예보관이라는 말이 조금 생소하지요? 날씨를 예측해서 미리 알리는 사람을 예보관이라고 한답니다. 당시 호주 예보관들은 태풍에 자신이 싫어하는 정치가의 이름을 붙였어요. 그러다 제2차 세계 대전 이후부터는 미국의 공군과 해군에서 공식적으로 태풍의 이름을 짓기 시작했지요. 이때 예보관들은 주로 자신의 아내나 애인의 이름을 써서 태풍의 이름을 지었다고 합니다. 여자 이름의 태풍이 많은 것도 이 때문이겠지요? 이렇게 1978년까지는 계속 여자 이름을 써서 태풍의 이름을 지었습니다. 그러자 태풍에 여자 이름만 붙이는 것은 남녀 차별이라는 비판이 일었어요. 결국 여성 인권 단체에서 항의를 했고, 그 후로는 남자 이름과 여자 이름을 번갈아 사용하게 되었답니다.

1999년까지만 해도 북서태평양에서 발생한 태풍의 이름은 괌에 있는 미국 태풍합동경보센터에서 정한 이름을 사용했습니다. 그러나 2000년부터는 태풍에 대한 아시아 사람들의 관심을 높이고 경계심을 불러일으키기 위해 아시아 지역 14개국의 고유한 이름으로 태풍의 이름을 짓고 있어요. 이 일은 아시아태풍위원회에서 진행했답니다.

TIP 요건 몰랐지?

재미있는 태풍 이름

현재 태풍의 이름은 국가별로 10개씩 제출해서 총 140개로 이루어졌습니다. 태풍이 보통 1년에 30여 개쯤 발생하니까 140개의 이름을 모두 부르려면 4~5년의 세월이 걸리겠지요. 다른 나라 말로 된 태풍의 이름에는 어떤 뜻이 담겨 있을까요? 재미있는 태풍의 이름에는 무엇이 있는지 함께 살펴보아요.

태풍의 이름	이름을 제출한 나라	이름의 의미
우쿵	중국	원숭이의 왕
뎬무	중국	천둥과 번개를 관장하는 여신
링링	홍콩	소녀를 부르는 애칭
풍웡	홍콩	불사조
람마순	태국	천둥의 신
메칼라	태국	천둥의 천사
누리	말레이시아	청색 벼슬을 가진 잉꼬새
므르복	말레이시아	점박이 비둘기
하구핏	필리핀	채찍질
사우델로르	미크로네시아	추장
파마	마카오	햄
오마이스	미국	주위를 어슬렁거리다
판폰	라오스	동물

한국의 태풍 루사

2002년 8월 말, 우리나라에 태풍 '루사'가 들이닥쳤습니다. 당시 최대 풍속은 초속 39.7m로, 어마어마하게 센 바람과 함께 강원도 동부 지역에 많은 비가 내렸습니다. 124명이 목숨을 잃고, 60명이 실종되는 등 큰 피해를 입었어요. 재산 피해액도 5조 1,497억 원으로 엄청난 액수였습니다.

태풍 루사는 2002년 8월 23일 서태평양 해상에서 열대성 폭풍으로 발달했다가 기압이 강해지면서 태풍으로 바뀌었습니다. 이 태풍은 일본 남쪽 해상을 거쳐 31일 12시 무렵 제주도 서귀포 지역에서 북쪽으로 방향을 바꾸었고, 곧 전라남도 고흥 남쪽 해안에 상륙했습니다. 그 뒤 전라남도 순천, 전라북도 남원, 충청북도 영동, 충주 등을 거쳐 점점 강원도

태풍 루사가 일본을 거쳐 우리나라로 다가오고 있다.

태풍 루사는 가장 많은 1일 강수량을 기록했다. ⓒ billmiky@flickr.com

쪽으로 다가갔어요. 9월 1일, 마침내 속초까지 올라온 태풍 루사는, 우리나라에서 기상 관측이 시작된 1904년 이래 가장 많은 1일 강수량을 기록한 뒤 점점 힘이 약해져서 사라졌습니다.

태풍 루사가 다른 어떤 태풍보다도 큰 피해를 줬던 이유는 두 가지예요. 첫 번째 이유는 편서풍이 일지 않았기 때문입니다. 편서풍은 서쪽에서 동쪽으로 부는 띠 모양의 바람을 말합니다. 저기압이나 고기압, 장마 전선 등이 이 편서풍에 의해 이동하므로, 편서풍은 일기 예보 분석에서 아주 중요한 부분을 차지하지요. 대부분의 태풍은 편서풍을 따라 빨리 이동합니다. 하지만 루사가 상륙했을 당시에는 편서풍이 일지 않았어요. 그 때문에 태풍이 우리나라를 빠져나가는 데에 오랜 시간이 걸린 거예요. 만약 그때 편서풍이 조금만 세게 불었더라면 그와 같은 막대한 피해가 생기지는 않았을 겁니다.

두 번째 이유는 태백산맥에 형성되어 있던 비구름 때문입니다. 태풍이 아

니더라도 그 지역에는 비가 내리려던 참이었어요. 그런데 여기에 루사가 몰고 온 습하고 낮은 온도의 공기가 더해지자 더 많은 비가 내렸던 것이지요.

결국 태풍 루사는 엄청난 사망자와 실종자, 그리고 8만 8,625명의 이재민을 남겼어요. 또 건물 1만 7,046채와 농경지 14만 3,261ha가 물에 잠겼고, 전국의 도로, 철도, 전기, 통신 등 생활에 꼭 필요한 시설들이 부서지거나 마비되고 말았답니다.

미얀마의 사이클론 나르기스

태풍은 북태평양 남서부에서 발생하여 이동해 오는 열대저기압이라는 사실을 알았어요. 그런데 이 열대저기압은 인도양이나 아라비아 해, 벵골 만에서 발생하기도 합니다. 이 지역들에서 생겨난 열대저기압을 '사이클론'이라고 해요. 태풍과 성질은 같지만 발생한 지역에 따라 이름을 나누었답니다.

2008년 4월 마지막 주, 벵골 만에서 저기압이 발생했습니다. 강한 상승기류와 여러 조건이 더해져 저기압은 더욱 발달했어요. 이렇게 형성된 사이클론 나르기스는 2008년 5월 2일 밤, 최대 초속 55m의 풍속으로 미얀마에 상륙했습니다. 그리고 몇 시간 지나지 않아 초속 45m의 풍속으로 미얀마의 내륙을 휩쓸었어요.

사이클론 나르기스.

3일 새벽, 나르기스는 모두가 잠든 미얀마에 닿자마자 순식

간에 모든 것을 집어삼켰습니다. 결국 7만 7,738명이 숨지고 5만 5,917명이 실종되는 안타까운 피해를 남겼어요. 게다가 미얀마 최대의 도시인 양곤에서 주택 2만 채가 무너져 내리고, 시내 대부분이 물에 잠겨 전기가 끊기는 바람에 수색은 점점 더 늦춰질 수밖에 없었습니다. 집을 잃은 이재민들이 지낼 만한 장소도 넉넉하지 않았어요. 학교와 병원 같은 공공기관들의 지붕이 모두 날아가 버렸기 때문이지요.

피해가 점점 더 커지자 미얀마 정부는 피해 입은 곳을 자연 재난 지역으로 선포하고 국제 사회에 도움을 요청했습니다. 미국, 프랑스, 네덜란드, 일본, 태국, 싱가포르 등의 많은 나라가 미얀마로 식량과 의료품을 보냈어요. 또 유엔과 국제단체들도 재난 현장으로 구호 팀을 파견했답니다. 이처럼 미얀마가 국제 사회의 도움

군사 정권

군인들이 중심이 되어 조직한 정권을 말합니다. 대부분 무력을 동원하여 정권을 빼앗아요.

마을을 덮친 사이클론 나르기스. ⓒ Azmil77@flickr.com

을 받은 것은 군사 정권을 가진 나라로서 아주 드문 일이었습니다. 군사 정권은 올바르게 성립된 정부가 아니므로 국제 사회의 도움을 받기 어렵거든요. 그런데 얼마나 큰 피해를 입었으면 여러 나라에게서 도움을 받았겠어요?

5월 3일, 미얀마를 덮친 사이클론 나르기스는 점점 힘이 약해져 마침내 사라지고 말았습니다. 새벽에 찾아와 순식간에 마을을 휩쓸고 나서 사라진 것이에요. 하루 동안 이 엄청난 피해를 주다니, 자연재해의 힘은 정말 강력해요.

미국의 허리케인 카트리나

허리케인은 북대서양, 카리브 해, 멕시코 만 등에서 발생한 열대저기압을 말합니다. 태풍이나 사이클론과는 지역적인 차이가 있어요. 싹쓸이 바람이라고도 불리는 허리케인은 '폭풍의 신', '강대한 바람'을 뜻하는 에스파냐 어에서 유래되었답니다.

2005년 8월 말, 미국 남동부 지역에 아주 강력한 허리케인인 카트리나가 들이닥쳤습니다. 카트리나는 플로리다 동쪽 해양에서 발생한 열대저기압

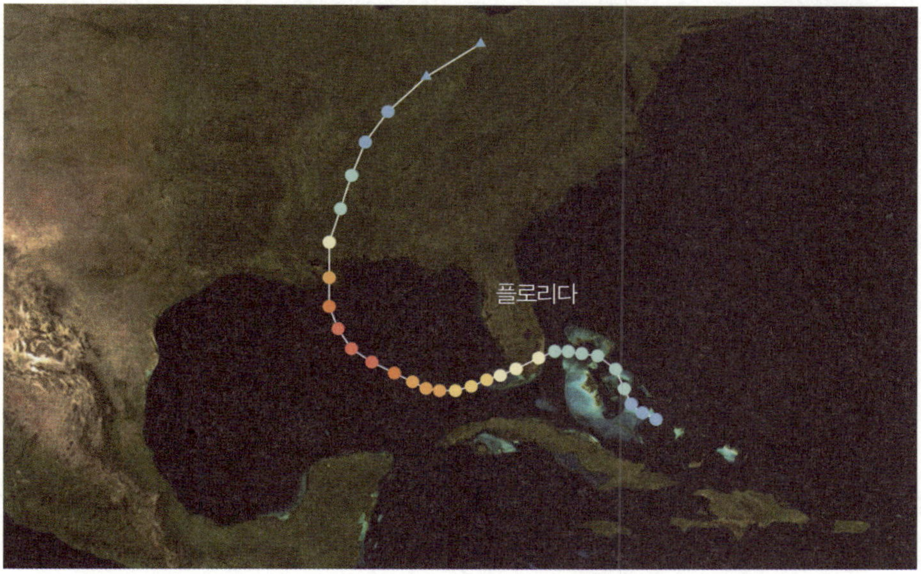

2005년 8월 말 미국에 들이닥친 허리케인 카트리나가 육지로 이동하고 있다.

제방

물가에 흙이나 돌, 콘크리트 등으로 쌓은 둑을 말해요. 홍수나 해일에 물이 넘치지 않게 하거나 물을 막아서 고이게 하지요.

해수면

대기와 맞닿아 있는 바닷물의 표면을 해수면이라고 불러요. 이 해수면은, 어떤 지점의 높이를 일컫는 해발고도의 기준이 된답니다.

이었는데, 남서쪽으로 움직이다가 강풍과 함께 육지에 상륙하였어요.

가장 큰 피해를 입은 지역은 뉴올리언스였습니다. 뉴올리언스는 도시 대부분의 지역이 해수면보다 낮은 곳이라서 이전에도 홍수나 허리케인의 피해를 입던 곳이에요. 이번에도 허리케인 때문에 폰차트레인 호수의 제방이 무너지면서 도시에 물난리가 난 것이지요. 이렇게 해수면보다 낮은 곳에 물난리가 나면 들어온 물이 잘 빠지지 못하고 고이게 되

호수 제방의 붕괴로 뉴올리언스의 대부분이 물에 잠겼다.

면서 위생적으로 아주 큰 문제가 생겨요.

허리케인으로 인하여 뉴올리언스의 주민들 2만여 명이 실종되고, 이재민은 8만여 명에 달했습니다. 전기와 물 공급이 끊기고 환기마저 되지 않아 위생 문제는 더욱 심각해졌어요. 더구나 먹을 것을 훔치는 등 각종 범죄가 늘어나는 바람에 주민들 사이의 믿음과 신뢰가 무너졌습니다. 마을은 자꾸만 황폐해져 갔어요. 결국 미국 정부는 국제 사회에 지원을 호소했습니다. 강력하게 휘몰아친 카트리나 때문에 주변 지역의 원유 생산 시설이 멈추었고, 전 세계 사람들은 기름 가격이 갑자기 오르지는 않을까 걱정했답니다.

태풍은 피해만 입힐까요?

태풍은 강한 바람과 많은 비를 이끌고 와서 엄청난 피해를 주고 사라집니다. 하지만 태풍이 꼭 나쁜 것만은 아니에요. 태풍이 몰고 오는 비는 부족한 물을 채워 주는 중요한 역할을 하거든요.

1994년 여름은 유난히 덥고 길었습니다. 그래서 어느 때보다도 가뭄이 극심했지요. 그러던 중 8월에 찾아온 태풍 '더그'는 더위와 가뭄에 단비를 내려 주었습니다. 사람들은 더그를 효자 태풍이라고 부르며 반가워했답니다. 또 태풍은 저위도 지방에 모여 있는 대기 중의 에너지를 고위도 지방으로 이동시켜서 지구 남북의 온도 균형을 유지해 주기도 해요. 그뿐만 아니라 태풍이 불면 바닷물이 뒤섞여서 바닷속 작은 생물인 플랑크톤이 널리 퍼지게 됩니다. 그러면 플랑크톤을 먹고 사는 물고기들이 더 쉽게 먹이를 찾을 수 있어요. 태풍 덕분에 바다 생태계가 더욱 활발해지는 것이지요.

저위도

적도에 가까운 위도를 말해요. 지구에 있는 어떤 지점의 위치를 나타내기 위하여 만든 좌표를 위도라고 하고, 위도의 기준을 적도라고 한답니다. 남극과 북극에 가까운 위도는 고위도라고 해요.

태풍이 몰아온 비는 식물을 잘 자라게 한다.

TIP 요건 몰랐지?

육지에서는 토네이도

토네이도는 바다에서 발생하는 태풍과는 달리 미국 중남부 내륙 지방에서 발생하는 강력한 회오리바람을 말합니다. 주로 5월쯤에 발생하지요. 토네이도는 태풍과는 반대로 수평 방향보다 수직 방향의 힘이 더 큽니다. 땅 위의 모든 물체를 하늘 위로 감아올려요. 더욱이 토네이도의 중심 부근에서는 초속 100~200㎞나 되는 바람이 분다고 하니, 태풍보다 더 큰 파괴력을 가진 셈입니다. 실제로 1931년 미국 미네소타 주에서는 토네이도가 117명을 실은 83t짜리 기차를 순식간에 감아올렸다는 기록도 있답니다. 정말 어마어마한 힘이지요?

토네이도는 땅 위의 모든 물체를 수직으로 감아올린다. ⓒ Justin Hobson@the Wikimedia Commons

Q&A 꼭 알고 넘어가자!

문제 1 1943년부터 태풍에는 제비, 버들, 나리처럼 이름이 붙기 시작했습니다. 이런 태풍의 이름은 왜 짓게 되었을까요?

문제 2 태풍과 사이클론, 허리케인을 구별하는 차이점은 무엇인가요?

문제 3 태풍이 무조건 나쁜 것만은 아닙니다. 태풍의 좋은 점에 대해서 설명해 보세요.

정답

1. 태풍은 일주일 이상 계속될 수 있습니다. 그러므로 같은 지역에 태풍이 여러 개 발생할 경우 태풍 예보가 헷갈릴 수 있어서 이름을 붙이기 시작했지요.

2. 열대저기압이 발생하는 지역적 차이에 따라 태풍과 사이클론, 허리케인을 구분합니다. 태풍은 북태평양 남서부, 사이클론은 인도양이나 아라비아 해, 허리케인은 북대서양이나 카리브 해 등에서 발생하는 열대저기압을 말합니다.

관련 교과

초등 3학년 1학기 4. 날씨와 우리 생활
중학교 3학년 4. 물의 순환과 날씨 변화

3. 가뭄 그리고 홍수

너무 많은 비가 내려도 문제이지만, 비가 오지 않아도 큰 문제가 생깁니다. 비가 많이 와서 생기는 자연재해를 홍수, 오지 않아서 생기는 자연재해를 가뭄이라고 하지요. 왜 할머니, 할아버지께서는 가뭄 때문에 힘들어 하셨을까요? 홍수가 주는 피해에는 어떤 것이 있을까요?

가뭄이란 무엇일까요?

가뭄은 오랫동안 비가 내리지 않아 메마른 날씨가 이어지는 자연재해를 말합니다. 가뭄이 오면 지하수와 먹는 물이 줄어들고, 농작물에도 큰 피해를 줍니다. 특히 농업에 가장 큰 영향을 미치지요. 비는 식물이 자라는 데에 아주 중요한 역할을 하기 때문입니다. 가뭄 때문에 물이 부족하면 식물들은 잘 자랄 수가 없어요.

가뭄이 농촌 사람들에게만 영향을 미치는 것일까요? 아니에요. 가뭄은

가뭄으로 땅이 메말랐다.

가뭄은 농촌뿐만 아니라
모든 것에 영향을 끼치는구나.

농작물은물론 가축과 사람들에게까지 영향을 끼친답니다. 가뭄으로 식물들이 자라지 못하여 과일이나 채소, 곡물의 생산이 줄면 가축과 사람들의 먹을거리도 줄어듭니다. 그렇게 되면 먹을거리의 가격이 크게 오를 테고, 결국 그 피해는 농촌뿐만 아니라 온 나라에 퍼지지요.

또 가뭄이 오면 나무가 바짝 마르기 때문에 산불이 더 잘 일어나요. 마른 나무에 붙은 불은 자꾸만 불길을 뻗치며 타오르므로 끄기가 더 어렵습니다. 가뭄 때문에 화재라는 또 다른 재해가 덮칠 수도 있어요.

호주 최악의 가뭄

2007년 호주는 사상 최악의 가뭄으로 고통받았습니다. 가뭄 때문에 밀 농사 등 각종 농작물의 수확량이 줄어들었고, 그 탓에 재산을 모두 잃은 농부들이 나흘에 한 명꼴로 자살할 정도였어요. 호주는 심각한 물 부족 현상에 시달렸습니다. 그중에서도 빅토리아 주는 7년이 넘도록 극심한 가뭄으로 고통받았지요.

호주 정부는 빅토리아 주를 위한 대책 마련에 온 힘을 기울였고, 강력한 물 아끼기 정책까지 시행했습니다. 바로 '물 경찰'을 두는 것이었습니다.

가뭄 때문에 풀이 다 말라 버렸다. ⓒ VirtualSteve@the Wikimedia Commons

물 경찰은 말 그대로 물을 관리하는 경찰이에요. 140명이나 되는 물 경찰들은 매일 90여 대의 순찰차를 나눠 타고 물을 아끼지 않는 곳을 찾아 돌아다녔습니다. 만약 물을 마구 쓴 가정이나 건물이 있으면 즉시 물 경찰이 들어가서 수압을 낮추어 버렸어요. 정상 수압에서는 물이 1분에 40*l* 쯤 나오지만 수압을 낮추면 1분에 2*l* 만 나옵니다. 그 물로는 세탁이나 샤워를 할 수 없었어요. 그뿐만 아니라 잔디에 물을 주거나, 세차를 하는 등 물을 많이 쓰는 일은 모두 물 낭비로 여겨져 물 경찰의 경고를 받게 되었습니다.

수압

물의 압력을 말해요. 수압이 높으면 물이 많이 나오고, 낮으면 조금씩 나오지요.

이렇게 극심한 호주의 가뭄은 호주뿐만 아니라 전 세계에 영향을 미쳤습니다. 가뭄 때문에 호주의 밀 생산량은 43%나 줄었고, 이는 곧 세계 밀 시장의 생산량이 30~60%까지 줄어드는 현상으로 이어졌어요. 세계인의 먹을거리 대부분은 빵이나 국수처럼 밀로 만든 음식인데, 밀의 생산량이 줄

밀은 세계인의 먹을거리 대부분을 차지한다. ⓒ 3268zauber@the Wikimedia Commons

국수와 같은 밀가루 음식을 즐겨 먹는 우리나라에도 멀리 호주의 자연재해가 영향을 끼쳤다.
ⓒ egg™@flickr.com

자연재해는 발생한 곳만의 문제가 아니야.

었으니 당연히 밀가루 가격이 오를 수밖에 없었지요. 그 때문에 우리나라에서도 밀가루 가격이 크게 올랐어요. 라면이나 과자 등 밀가루가 들어가는 모든 음식의 가격이 20~25%까지 올랐었습니다. 멀리 호주에서 일어난 가뭄이 우리나라까지 영향을 끼친다는 사실이 무척 놀라워요.

홍수란 무엇일까요?

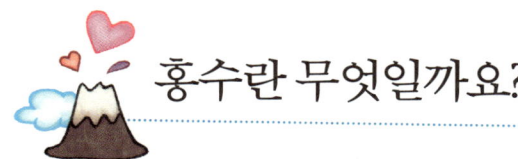

홍수란 비가 많이 와서 강물이 불어 넘치는 현상을 말합니다. 가뭄과는 정반대의 이유로 생기는 자연재해이지요. 우리나라에서는 주로 여름철 장마 전선이 지나갈 때 홍수가 납니다. 특히 7~9월 초에 영향을 주는 태풍, 남동쪽에서 불어오는 따뜻한 바람 때문에 내리는 장대비 등이 홍수의 주요 원인이에요. 이 밖에도 봄철에 기온이 올라서 겨울 동안 쌓여 있던 눈이 녹으며 생기는 홍수, 온도가 높고 습기가 많은 기류가 산맥에 부딪히면서 생기는 집중 호우, 산사태 때문에 하천이 막혀 생기는 홍수 등이 있습니다.

홍수를 막기 위해서는 식물을 많이 심어야 한다.

홍수를 예방하기 위해서는 식물을 많이 키워야 해요. 식물이 땅을 뒤덮고 있으면 빗방울이 땅을 내리치는 힘이 약해지기 때문입니다. 힘이 약해진 빗물은 땅에 금방 흡수되지요. 또 비가 올 때면 홍수 예보에 귀를 기울여서 재빨리 응급 대책을 세워야 인명 피해로 이어지는 재난을 막을 수 있습니다.

미국 아이오와 주의 홍수

2008년 6월, 갑작스럽게 내린 폭우로 미국 아이오와 주의 시더 강이 범람하면서 근처에 살던 4,000여 가구가 대피하는 일이 벌어졌습니다. 도심의 거리는 물바다로 변하여 수많은 자동차가 물에 잠겼고, 도로와 철로가 무너지는 등 피해가 몹시 심하였어요. 여러 날 동안 이어진 폭우로 아이오와 주에 있는 아홉 개의 강이 곧 넘칠 듯 차오르기도 했습니다. 아이오와 주 홍수는 스무 명의 사망자라는 인명 피해까지 냈어요. 하지만 피해는 이게 끝이 아니었답니다.

갑작스러운 폭우로 미국 최대의 옥수수 생산지가 물에 잠겼다.

홍수 탓에 거리가 물바다로 변한 아이오와 주는 원래 미국 최대의 옥수수 생산지였습니다. 옥수수가 시장에 나오기 바로 직전에 벌어진 이 홍수 때문에 옥수수 수확량은 급격히 줄어들었어요. 이는 가축을 키우는 농가에 커다란 영향을 미쳤습니다. 가축의 사료로 쓰이는 옥수수의 수확량이 줄어들자 사료 가격이 오른 거예요. 그뿐만이 아니었습니다. 사료 가격이 올랐으므로 고기나 우유, 치즈, 햄 등 낙농 제품들의 가격 또한 오를 수밖에 없었어요. 이는 시민에게도 줄줄이 피해를 주었답니다.

가뭄과 홍수 모두
농작물뿐만 아니라 우리에게
큰 영향을 끼치는구나.

TIP 요건 몰랐지?

홍수는 나쁜가요 ?

홍수는 인명과 재산, 경제에 큰 영향을 미치는 자연재해 중 하나입니다. 한동안 복구가 힘들 만큼 무시무시한 피해를 주기도 하지요. 그러나 홍수가 꼭 나쁘지만은 않습니다. 때때로 홍수는 토양을 더 기름지게 하고, 영양이 부족한 곳에는 영양을 공급해 주기도 합니다. 홍수를 통해 유기물들이 운반되기 때문이에요. 고대 문명이 발달한 지역인 티그리스-유프라테스 강, 나일 강, 인더스 강, 황허 강 등의 지역에서도 강물과 홍수가 가져다 준 영양분으로 비옥한 땅을 일굴 수 있었답니다.

비옥한 농업 지대인 나일 강. ⓒ Rémih@the Wikimedia Commons

TIP 요건 몰랐지?

인간을 한 번 더 위협하는 전염병

2002년 8월, 인도에서 큰 홍수가 일어나 6억 달러 이상의 재산 피해를 입었습니다. 그러나 더 큰 문제는 홍수가 지나간 후에도 계속되는 인명 피해였습니다. 뇌염, 말라리아 등의 전염병이 퍼지기 시작한 거예요. 홍수가 나면서 물에 세균이 돌았고, 그 세균은 사람들의 몸속으로 들어가 갖가지 염증과 병을 일으켰습니다. 결국 이 전염병으로 110명이나 되는 사람들이 목숨을 잃었습니다. 2008년 5월 중국 쓰촨 성에서도 지진이 일어난 뒤 전염병이 돌아 많은 사람이 목숨을 잃었어요. 전염병을 막기 위해서는 땅에 묻힌 시체를 빨리 처리해야 하는데 여진 때문에 구조 작업에 차질이 생긴 것이지요. 그뿐만 아니라 세찬 비가 너무 자주 내려 전염병이 더욱 심해졌답니다.

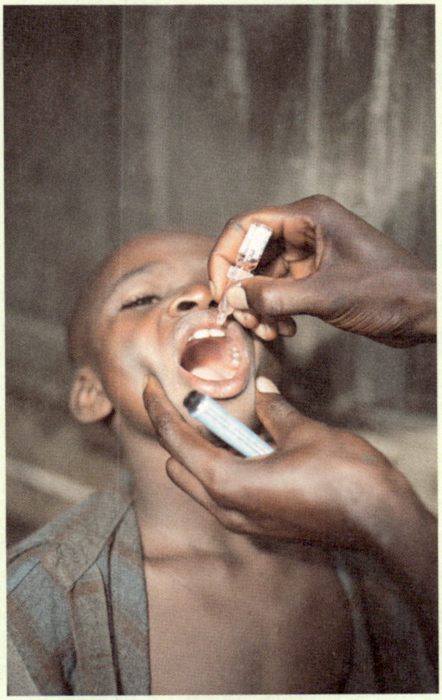
전염병 예방을 위해 약을 먹고 있다.
ⓒ Julien Harneis@flickr.com

Q&A 꼭 알고 넘어가자!

문제 1 가뭄이 우리에게 미치는 영향에 대해 설명해 보세요.

문제 2 홍수를 예방하는 방법으로는 어떤 것들이 있을까요?

3. 바로 전염병입니다. 자연재해가 발생한 뒤 채 복구도 하기 전에 세균이 돌며 전염병이 퍼지곤 합니다. 홍수가 휩쓸고 지나간 뒤에는 아직 빠지지 못한 고인 물에 세균이 돌고, 지진 후에는 재빠른 재해 처리를 하지 못해 세균이 돌아요. 지난 쓰촨 성 지진 때도 땅에 묻힌 시체를 재빨리 처리하지 못해 전염병이 돌았습니다.

문제 3 자연재해가 닥친 뒤에도 다시금 인간을 위협하는 것이 있습니다. 그게 무엇일까요?

정답

1. 가뭄은 농작물에 큰 영향을 미칩니다. 비가 오지 않아서 땅이 가물면 식물들이 잘 자라지 못하여 과일이나 채소, 곡물의 생산이 줄어듭니다. 그러면 먹을거리의 가격이 크게 오르고, 그 피해는 사람에게까지 미치지요.

2. 나무나 풀 같은 식물을 많이 키워야 합니다. 식물을 키우면 땅을 내리치는 빗방울의 힘이 약해져서 땅에 금방 흡수될 수 있습니다. 또 홍수 예보에 귀를 기울여야 더 큰 재난을 막을 수 있답니다.

관련 교과

초등 4학년 2학기 4. 화산과 지진
초등 5학년 2학기 4. 화산과 암석
중학교 1학년 8. 판 구조론과 지각 변동

4. 지진 그리고 화산

친구들에게 가장 무시무시한 자연재해는 무엇인가요? 아마 대부분의 친구는 지진과 화산을 꼽을 거예요. 사진만 봐도 엄청난 위력이 느껴지거든요. 그럼 이제부터 보기만 해도 무서운 지진과 화산에 대해서 함께 알아볼까요?

지진과 화산

지진은 지구 내의 에너지가 밖으로 나와 땅이 갈라지면서 흔들리는 현상을 말합니다. 지구는 지각이라는 껍질로 둘러싸여 있습니다. 이 지각은 몇 조각으로 쪼개져 있고, 지구 내부의 열을 이용하여 서로 다른 방향을 향해서 일정한 속도로 이동하고 있지요. 아주 느리게 이동하기 때문에 우리가

지진 때문에 건물이 무너졌다.

느낄 수는 없어요. 그런데 서로 다른 두 조각이 움직이다가 스치거나 닿았을 때에는 엄청난 마찰과 모양 변화가 생깁니다. 바로 이때 땅이 갈라지거나 흔들리는데, 이러한 현상을 지진이라고 한답니다.

지진과 떨어뜨려서 생각할 수 없는 것이 바로 화산입니다. 화산은 지하 깊은 곳에서 생성된 뜨거운 마그마가 지각의 틈을 통해 땅 밖으로 나오는 현상이에요. 그러므로 지진이 나서 지각이 갈라지면 화산이 폭발할 가능성이 커지는 것이랍니다. 물론 지진이 나서 땅이 갈라졌다 하여도, 그 안에 있는 마그마의 양이 적거나 아예 없다면 화산 폭발은 일어나지 않을 거예요.

화산은 현재 활동 중인 활화산, 지금은 활동하지 않는 휴화산, 활동한 기록이 없는 사화산으로 구분합니다. 우리나라와 같은 경우에는 현재 활동 중인 활화산이 없어서 화산의 활동을 관찰할 수 없어요. 휴화산으로는 한라산이 있으며, 마찬가지로 휴화산으로 분류되었던 백두산은 최근 활화산으로 규정되었습니다.

화산 폭발.

중국 쓰촨 성의 지진

베이징 올림픽을 3개월 앞둔 2008년 5월 12일, 중국 쓰촨 성에서 규모 8.0의 끔찍한 지진이 발생했습니다. 원자 폭탄 252개를 한꺼번에 터트린 듯한 위력의 어마어마한 지진이었습니다. 쓰촨 성은 학교, 병원, 공장 등이 모여 있어서 그곳에 살고 있는 사람들도 아주 많았지요. 쓰촨 성은 순식간에 아수라장이 되고 말았어요. 특히 학교에서 공부하던 어린 학생들의 죽음은 세계인의 마음을 더욱 아프게 했습니다. 전 세계 사람들이 쓰촨 성 주민에게 도움의 손길을 내밀었습니다. 하지만 하루하루 지날수록 사망자 수는 점점 더 늘어만 갔습니다. 한두 명씩 늘어가는 것이 아니라 수천, 수만 단위로 말이지요.

게다가 살아남은 사람들조차 여진의 공포에 떨어야 했습니다. 여진이란

◀지진이 일어나기 전의 평화로운 쓰촨 성. ⓒ BenBen@the Wikimedia Commons
▶지진으로 폐허가 된 쓰촨 성. ⓒ Miniwiki@the Wikimedia Commons

대규모 지진이 일어난 후에 생기는 작은 규모의 지진을 말해요. 여진이 일어나기까지는 며칠 또는 몇 년이 걸릴 수도 있어서 언제 또 위험이 들이닥칠지는 아무도 알 수 없습니다. 며칠 지나지 않아 우려하던 여진이 발생했어요. 대지진이 일어난 뒤 일주일 동안 규모 4.0 이상의 여진은 145차례, 규모 5.0 이상은 23차례, 규모 6.0 이상은 3~4차례나 발생했습니다. 여진이 올 때마다 인명 피해와 재산 피해가 엄청나게 늘어났어요. 그중 5월 18일에 발생한 규모 6.1의 여진의 피해는 무척 컸습니다. 여진이 발생하면서 저수지의 물이 넘친 거예요. 이 때문에 건물의 잔해 밑에 갇혀 있던 사람들을 구조하는 작업에도 큰 차질이 생겼습니다.

지금까지 집계한 쓰촨 성 지진 사망자 수만 해도 약 7만 명에 이릅니다. 하지만 아직도 파악하지 못한 사망자 수가 많다고 해요. 지진으로 인한 경제적 피해도 1,500억 위안에 달해 막대한 손해를 입었습니다.

잔해

부서지거나 못 쓰게 되어 남아 있는 물체를 말해요. 지진으로 건물이 무너지면서 잔해가 생긴 것이지요.

TIP 요건 몰랐지?

지진의 규모

지진의 규모란 지진의 크기를 측정하는 단위로, 1935년 미국의 지질학자 리히터가 처음 도입했습니다. 규모 1.0의 강도는 폭약 60t의 위력과 같아요. 또 지진의 규모가 1.0 증가할 때마다 에너지는 30배씩 늘어난답니다.

지진의 규모	사람이 느끼는 정도	
3.5 미만	거의 느끼지 못하지만 기록은 된다.	
3.5~5.4	창문이 흔들리고, 물건이 떨어진다.	
5.5~6.0	벽에 금이 가고, 사람이 서 있기 힘들다.	
6.1~6.9	집이 30% 이하로 무너진다.	
7.0~7.9	집이 거의 다 무너지고, 교량이 파괴되며, 산사태가 일어나고, 땅이 심하게 갈라진다.	
8.0 이상	모든 마을이 파괴된다.	

필리핀 피나투보의 화산 폭발

1991년 6월, 필리핀의 수도 마닐라 인근의 산에서 엄청난 소리와 함께 거대한 화염이 솟구쳐 올랐습니다. 피나투보 화산이 폭발한 것입니다. 100억t의 마그마가 분출했고, 화산재와 연기는 40㎞까지 치솟았습니다. 이 화산 폭발로 산의 절반이 날아갔다니 그 위력이 얼마나 대단했을지 상상이 되나요?

화산재와 연기는 시속 100㎞의 속도로 빠르게 퍼져 나가 8,500㎞ 떨어진 아프리카 동부 해안까지 영향을 끼쳤습니다. 이 화산 폭발은 며칠 동안

필리핀의 피나투보 화산.

수십 차례나 거듭되었어요. 폭발과 함께 1,000℃ 가까이 되는 용암이 흘러 내려 산 주변 일대를 폐허로 만들었습니다. 약 10만㎢의 농지가 사라지고, 4만 호의 가옥이 잿더미로 변했으며, 65만 명의 이재민이 생기는 비극적인 결과가 발생했어요.

가장 큰 피해를 본 곳은 앙헬레스 마을이었습니다. 전에는 미 공군 기지가 있었으나 화산 폭발과 함께 모두 철수해야만 했지요. 하지만 지금 이곳은 화산 폭발의 흔적을 지우고, 피나투보 화산 관광으로 유명해졌답니다. 고통을 주었던 화산을 관광지로 활용하고 있는 것이에요.

사실 피나투보 화산이 폭발하기 전, 그 주변에서 수백 번의 소규모 지진이 일어났습니다. 이는 지각이 부딪히고 있다는 것을 의미했고, 화산 폭발 위험을 미리 알려 주는 것이기도 했지요. 이처럼 화산이 일어나기 전에는 몇 주 또는 몇 달, 혹은 몇 년에 걸쳐 지진 활동이 감지됩니다. 마치 자연이 인간에게 화산 폭발에 대한 경고를 보내는 것 같지 않나요?

지금은 관광지로 변한 피나투보 화산. ⓒ ChrisTomnong@the Wikimedia Commons

TIP 요건 몰랐지?

우주의 화산 활동

2007년 2월 28일, 미국 우주 탐사선 뉴 호라이즌스가 목성의 위성인 이오에서 화산 세 개가 동시에 폭발하는 장면을 촬영했습니다. 위성이 무엇인지 궁금한가요? 위성은 행성의 주위를 도는 천체를 말합니다. 목성의 위성 이오는 1960년 갈릴레이가 발견한 네 개의 위성 중에 목성과 제일 가까이 있습니다.

2007년에 촬영한 위성 이오의 모습은 화산재가 무려 300km를 넘게 치솟으며 폭발하는 모습이었어요. 화산재가 뒤덮은 지역의 넓이는 미국에서 두 번째로 큰 주인 텍사스 주의 면적과 비슷할 정도였습니다. 이오의 화산 폭발 장면은 1977년에도 포착된 적이 있어요. 지구에서 일어나는 화산처럼 붉은 용암을 뿜어내지는 않았지만, 유황 가스를 뿜어내는 모습은 마치 지구의 화산과 같았답니다.

목성의 위성 이오.

Q&A 꼭 알고 넘어가자!

문제 1 지진은 땅이 갈라지면서 흔들리는 현상을 말합니다. 어떻게 해서 지진이 일어나는지 설명해 보세요.

문제 2 지진이 나면 화산이 폭발할 가능성도 커집니다. 왜 그럴까요?

3. 여진 때문입니다. 여진은 대규모 지진이 일어난 뒤에 생기는 작은 규모의 지진을 말합니다. 여진이 일어나기까지는 얼마나 걸릴지 아무도 모릅니다. 그래서 지진의 공포가 채 가시기도 전에 또다시 여진이 올까 두려워하는 것이에요.

문제 3 지진이 일어난 뒤에도 사람들은 마음을 쉽게 놓지 못합니다. 무엇 때문에 그럴까요?

정답

1. 지구는 지각이라는 껍질로 둘러싸여 있습니다. 이 지각은 몇 조각으로 나뉘어 있고, 지구 내부의 열을 이용하여 서로 다른 방향을 향해서 일정한 속도로 이동하고 있어요. 그런데 서로 다른 두 조각이 스치거나 닿았을 때에는 엄청난 마찰과 변화가 생깁니다. 바로 이때 땅이 갈라지거나 흔들리는 현상을 지진이라고 합니다.

2. 화산은 지하 깊은 곳에서 만들어진 뜨거운 마그마가 지각의 틈을 통해 땅 밖으로 나오는 현상을 말합니다. 그러므로 지진이 나서 지각이 갈라지면 화산이 폭발할 가능성이 커집니다. 하지만 안에 있는 마그마가 적거나 없으면 화산 폭발이 일어나지 않아요.

관련 교과

초등 3학년 1학기 4. 날씨와 우리 생활

초등 6학년 1학기 4. 생태계와 환경

5. 해일과 황사

2008년 5월 4일, 우리 가족은 어린이날을 하루 앞두고 충청남도 보령으로 여행을 떠났어요. 도착해서 바다를 바라보고 있는데 갑자기 어마어마하게 큰 파도가 치면서 우리를 덮치려고 했습니다. 도대체 무슨 일이 일어난 것일까요?

해일이란 무엇일까요?

해일이란 바다 밑에 있는 지각이 움직이거나 해상의 기상이 변화하여 갑자기 바닷물이 크게 일면서 육지로 넘쳐 들어오는 현상을 말합니다. 해일은 그 발생 원인에 따라 태풍이나 저기압 등에 의한 폭풍해일, 지진이나 화산 활동 등에 의한 지진해일, 빙하의 붕괴로 일어나는 얼음해일로 나눌 수 있어요. 1958년 알래스카에서는 만의 해만이 무너져서 무려 524m나 되는 해일이 인 적도 있습니다.

우리나라에서 처음으로 해일에 대한 기록을 남겼던 책은 바로《증보문헌비고》입니다. 이 책에는 1088년의 해일에 대한 기록이 남아 있지요.《조선왕조실록》에서도 1392~1903년까지 해일이 44회 일어났다는 기록을 찾을 수 있습니다.

해일이 덮치고 난 뒤의 마을. ⓒ Jun Teramoto@flikr.com

한국의 폭풍해일

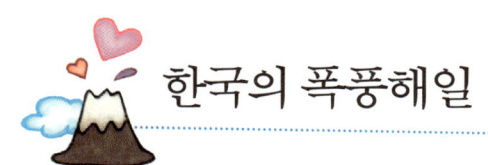

태풍과 같은 강한 저기압으로 바닷물의 표면이 급격히 높아지는 현상을 폭풍해일이라고 합니다. 삼면이 바다로 둘러싸인 우리나라는 폭풍해일의 위험이 크다고 할 수 있지요.

2003년 9월, 경상남도 남해안 지방에 태풍 매미가 상륙하여 강한 바람이 불고 많은 비가 내렸어요. 그 영향으로 해안에서는 10~13m의 높은 파도가 일었습니다. 텔레비전에서는 계속해서 해안 지방에 폭풍해일이 발생할 가능성이 매우 크니 특히 주의하라는 당부의 뉴스가 나왔어요. 사람들은 아무 피해 없이 태풍이 지나가기만을 기대했습니다.

하지만 폭풍해일은 어김없이 큰 피해를 남기고 말았습니다. 하필이면 남해안의 만조 시간과 맞물려 엄청난 힘까지 얻게 되었지요. 마산에서는 지하 노래방에 갇힌 사람들이 그대로 물에 빠져 죽는 등 열여덟 명이나 목숨을 잃었어요.

당시 마산의 최고 해수면 높이가 180cm일 거라 예측했지만, 실제로는 최대 439cm까지 높아졌습니다. 생각지도 못한 엄청난 규모의 폭풍해일이 발생한 것이지요. 미처 대피령을 내리기도 전에 갑작스

만조

가장 높은 해수면까지 밀물이 들어오는 때를 말해요. 태풍 매미가 강력한 힘을 가질 수 있었던 이유는 바로 평소보다 물이 차오른 만조 때문이었습니다.

원목

베어 낸 그대로 아직 가공하지 않은 나무를 말해요. 이 원목으로 가구 등을 만듭니다.

폭풍해일이 덮쳐 해변의 자갈이 거리로 밀려 나왔다. ⓒ Stavros1@the Wikimedia Commons

럽게 일어난 일이었어요. 게다가 부두에 쌓아 올린 원목 수천 개가 바닷물에 떠밀려서 지하 건물의 출구를 막기도 하여 피해는 더 커졌습니다.

부산에서는 마산과 달리 신속한 대피가 이루어져 인명 피해는 적었습니다. 하지만 해운대에 위치한 수족관이 물에 잠기고, 해안가에 자리 잡은 건물들이 폐허로 변하는 등 많은 재산 피해를 남겼어요. 이외에도 정박해 있던 선박들이 부서지거나 침몰하는 등 그 피해가 상당했습니다. 작은 선박들이 도심의 한가운데까지 떠밀려 오기도 했지요.

남아시아의 지진해일

지진해일이란 바닷속에서 지진이나 해저 화산 폭발과 같은 현상이 일어나서 생기는 해일을 말합니다. 우리에게 '쓰나미'라고 알려진 말이 바로 지진해일을 뜻해요. 왜 지진해일에 쓰나미라는 단어를 쓰게 되었는지 궁금하지요?

1930년 즈음부터 일본에서는 이미 지진해일을 뜻하는 용어로 쓰나미라

지진은 해일로 이어져 큰 피해를 남길 수 있다.

는 말을 쓰고 있었어요. '쓰'는 해안을, '나미'는 파도를 뜻하는 일본어예요. 이 단어가 세계에 알려진 것은 1946년 태평양 주변에서 지진해일이 일어나 엄청난 피해를 남겼을 때입니다. 세계 언론들은 지진해일의 규모와 피해에 놀라며 이 자연재해를 어떻게 불러야 할지 고민했습니다. 적당한 용어를 찾던 중에 일본의 단어 쓰나미를 알게 되었지요. 그 뒤로 쓰나미라는 단어가 전 세계에 알려지면서, 현재는 국제 용어로 공식 채택되어 쓰이고 있답니다.

폭풍해일은 커다란 파도가 육지로 밀려들지요? 지진해일은 바닷물이 빠르게 빠져나갔다가 다시 밀려오는 현상이 계속 되풀이되어요. 폭풍해일과는 형태가 다르지요. 또 지진해일은 얕은 땅속에서 규모 6.3 이상의 지진이 발생했을 때 일어날 가능성이 큽니다.

지진해일은 멀리 떨어진 곳에도 피해를 줄 수 있어.

세계적으로 가장 피해가 컸던 지진해일은 2004년 12월 26일 인도네시아 수마트라 섬 부근 인도양에서 일어난 남아시아 지진해일입니다. 당시 바닷속에서 규모 9.3이라는 강력한 지진이 발생했고, 이는 엄청난 위력을 지닌 해일로 이어졌어요. 남아시아 지진해일은 역사상 가장 많은 인명 피해를 남겼습니다. 인도네시아, 스리랑카, 인도, 타이 등 가까이 있는 국가들 쪽으로 15m 높이의 해일이 밀려와 막대한

피해를 입은 것은 물론이고, 4,500㎞나 떨어진 소말리아를 비롯한 아프리카 국가들까지 피해가 전해질 정도였어요. 이 해일로 무려 15만 명이 죽고, 수만 명이 실종되었으며, 100만 명이 넘는 이재민이 발생하였습니다.

가장 큰 피해를 보았던 곳은 바로 인도양 부근의 섬들이었습니다. 그 섬들은 세계인이 즐겨 찾는 휴양지예요. 그러므로 세계 각 곳에서 찾아온 수천 명의 외국인이 지진해일 탓에 죽거나 실종되었지요. 이렇게 넓은 범위까지 강력한 영향을 끼치는 지진해일 때문에 많은 사람이 피해를 받았습니다.

우리나라 역시 지진해일로 피해를 받은 적이 있어요. 1983년과 1993년에 일본 근처에서 일어난 지진해일이 동해안까지 밀려들어 와서 피해를 받았지요. 만약 일본의 북서쪽 바다에서 지진이 일어났다면 한 시간이나 한 시간 30분 후에는 동해에 영향을 끼칩니다. 그래서 근처에 지진이 발생하면 주의보나 경보를 발표하여 상태를 지켜보는 것이 관례랍니다.

강력한 지진해일로 이재민이 된 어린이.

TIP 요건 몰랐지?

쓰나미가 맺어 준 특별한 인연

남아시아 지진해일로 피해를 본 것은 사람만이 아니었습니다. 동물들 역시 갑작스러운 해일을 피할 수 없었고, 그 때문에 가족을 잃은 동물들도 많았어요.

해안 경비 대원들은 사람뿐만 아니라 동물 구조에도 힘썼습니다. 덕분에 가까스로 구조된 동물들은 서로에게 의지하며 특별한 인연을 만들기도 했답니다. 바로 2살 된 새끼 하마와 120살 된 엄마 거북이처럼요! 쓰나미로 가족을 잃은 이 두 동물은 보호소에서 처음 만났습니다. 겉보기에는 어울리지 않지만 서로 의지하고 위로하며 사이좋게 지내고 있답니다.

그린란드의 얼음해일

그린란드는 대서양과 북극해 사이에 있는 세계에서 가장 큰 섬입니다. 국토의 85%가 얼음으로 덮여 있는 극지방이에요.

2000년 7월 NASA는 그린란드의 빙하가 녹아내려 지난 100년 동안 해수면이 약 23cm 높아졌다고 발표하였습니다. 빙하가 녹아 바다로 흘러들어 갔기 때문에 해수면이 높아졌지요. 이는 지구의 기온이 오르는 '지구온난화' 때문에 생긴 현상이랍니다. 때로는 갑자기 녹은 빙하 때문에 해일이 발생하기도 하는데 이렇게 생긴 해일을 얼음해일이라고 부릅니다. 만약 사람이 사는 곳에서 얼음해일이 일어난다면 아무도 살아남지 못할 만큼 대단한 위력을 가졌어요. 원래 얼음해일은 알래스카나 그린란드처럼 빙하가 많은 극지방에서만 일어나는 현상입니다. 하지만 지구온난화가 계속된다면 빙하가 자꾸만 녹아서 얼음해일의 피해가 우리에게까지 미칠 수 있어요.

얼음으로 뒤덮인 그린란드.
ⓒ Erik@the Wikimedia Commons

TIP 요건 몰랐지?

점점 더 더워지는 지구

그린란드의 빙하가 녹는 것은 그만큼 지구 기온이 올라갔기 때문입니다. IPCC에서는 1990년부터 2100년까지 지구 기온이 1.4~5.8℃ 오를 수 있다고 발표했어요. IPCC는 기후 변화와 관련한 모든 환경 문제에 대처하기 위해서 각국의 기상학자, 해양학자, 빙하 전문가, 경제학자 등 3,000여 명의 전문가로 구성한 정부 간 기후 변화 협의체입니다.

지구의 기온이 올라가면 어떤 일이 일어날까요? 그린란드처럼 극지방의 빙하들이 녹아내리고, 그 영향으로 지구의 해수면이 상승할 거예요. 이는 비나 눈이 내리는 양에 영향을 미칠 테고, 그 때문에 홍수나 가뭄 등 각종 기상이변이 많이 일어날 것입니다.

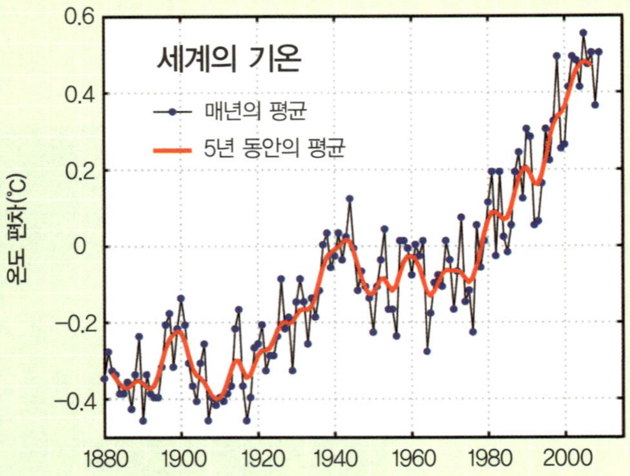

지구온난화는 자연에 심각한 영향을 끼친다.

사막화 현상과 황사

사막화란 가뭄이나 건조 현상과 함께 산림 벌채, 환경 오염 등 사람의 손이 닿아서 토지가 사막처럼 변하는 현상을 말합니다. 해마다 전 세계적으로 600만ha에 이르는 면적이 사막화되고 있어요. 이는 남한 면적의 60%에 해당하는 크기지요.

사막화 현상이 끼치는 대표적인 피해는 바로 황사입니다. 황사란 중국이나 몽골의 사막에서 모래와 먼지가 바람을 타고 멀리 날아가는 현상을 말해요. 우리나라는 보통 봄철에 중국에서 오는 황사의 영향을 받습니다. 황사가 한 번 발생하면 동아시아의 하늘에 떠도는 미세 먼지의 양은 100만t에 이르지요. 이 가운데 우리나라에 쌓이는 먼지는 4만 6,000~8만 6,000t으로, 15t 트럭으로 4,000~5,000대 분량입니다. 정말 엄청난 양이지요?

지난 2002년 우리나라가 황사로 입은 피해 금액은 5조 5,000억 원에 달했습니다. 국민 1인당 11만 7,000원의 피해를 본 셈

중국의 사막화는 우리나라에도 큰 영향을 미친다. ⓒ taylorandayumi@the Wikimedia Commons

이에요. 더욱이 황사는 각종 호흡기 질환을 일으켜요. 2005년 한 해 동안 황사 때문에 181만 7,000여 명이 병원 치료를 받았고, 165명이 사망했습니다. 황사가 주는 모든 피해를 돈으로 따져 본다면 최대 7조 3,000억 원의 피해를 입었다고 볼 수 있어요.

황사 피해는 해를 거듭할수록 점점 더 커지고 있습니다. 이는 중국의 사막화가 빨리 진행되기 때문이에요. 중국에서 1년간 사라지는 토양의 양이 16~20억t 가량 된다고 하니, 사막화가 얼마나 빨리 진행되는지 짐작할 수 있겠지요? 실제로 중국의 토지 중 이미 사막화가 진행된 부분은 전체 토지의 약 11.4%로, 매년 약 1,500㎢씩 더 커진다고 해요. 토양이 쓸려 내려가거나 바람에 날아가지 않도록 중국에 나무가 많아졌으면 좋겠어요.

TIP 요건 몰랐지?

황사를 막기 위한 노력의 시작

우리나라의 한 항공사는 2007년부터 국내 황사 피해를 막기 위해 중국 쿠부치 사막에서 나무 심기 활동을 펼치고 있습니다. 한국이 겪는 황사 피해는 이 쿠부치 사막에서 시작하기 때문이지요. 사실 쿠부치 사막은 1950년대까지만 해도 풀이 우거진 초원이었지만, 벌목과 산업화 때문에 사막으로 변했답니다.

사막에 나무를 많이 심으면 사막화를 막을 수 있다.

이 항공사는 2011년까지 17만 2,200㎡ 면적에 약 100만 그루의 나무를 심었습니다. 이렇게 나무를 심으면 사막이 점점 더 커지는 것을 막을 수 있어요. 나무가 자라 푸른 숲이 생기면 동물들도 맘껏 뛰어놀 수 있답니다. 언젠가 푸른 초원으로 변해 있을 쿠부치 사막의 모습을 우리 함께 기대해 볼까요?

Q&A 꼭 알고 넘어가자!

문제 1 우리나라는 폭풍해일의 위험이 큰데, 그 이유는 무엇일까요?

문제 2 지구온난화가 끼치는 영향으로는 무엇이 있을까요?

3. 사막화 현상의 대표적인 피해는 바로 황사입니다. 황사는 중국이나 몽골의 사막에서 모래와 먼지가 날아가는 현상을 말해요. 우리나라도 매년 봄마다 황사의 영향을 받습니다. 황사를 막기 위해서는 사막에 나무를 심어 사막화를 예방해야 한답니다.

문제 3 사막화의 대표적인 피해는 무엇이며, 이 피해를 막기 위해선 어떻게 해야 할까요?

정답

1. 태풍처럼 강한 저기압의 영향을 받아 바닷물 표면이 상승하는 현상을 폭풍해일이라고 합니다. 우리나라는 삼면이 바다로 둘러싸여 있어서 이런 폭풍해일의 위험이 더 큽니다. 태풍 매미는 남해안의 만조 시간에 맞물려 찾아와 더 큰 피해를 주기도 했지요.

2. 지구온난화는 지구의 기온이 오르는 현상을 말합니다. 지구의 기온이 오르면 극지방의 빙하들이 녹아서 해수면이 상승합니다. 그러면 비나 눈에 영향을 끼치고, 그로 인하여 홍수나 가뭄 등이 생길 것입니다. 그린란드에서는 지구온난화 때문에 얼음해일이 발생하기도 했지요.

관련 교과

초등 3학년 1학기 4. 날씨와 우리 생활
초등 6학년 1학기 4. 생태계와 환경
중학교 3학년 4. 물의 순환과 날씨 변화

6. 기상이변과 자연재해

지금도 지구 곳곳에서는 우리에게 익숙하지 않은 기상이변이 일어나고 있습니다. 기상이변이란 지난 30년간의 기상과는 아주 다른 기이한 기상 현상을 말해요. 이런 낯선 기상이변의 뒤에는 자연재해가 따라오기 마련이지요. 기상이변에는 어떠한 것들이 있는지 지금부터 자세히 알아보아요.

프리징 레인과 얼음폭풍

2007년 12월, 미국 중서부에서 북동부에 이르는 지역에 갑자기 기온이 내려가며 비가 얼어붙는 프리징 레인이 내렸습니다. 이런 프리징 레인이 거듭해서 내리는 현상을 얼음폭풍이라고 해요. 비바람이 몰아치고, 내린 비는 곧 얼어붙지요. 얼어붙은 비가 차곡차곡 쌓여 두꺼운 얼음덩어리로

얼음폭풍으로 나무가 얼어붙었다.

변하기도 합니다. 그렇기 때문에 얼음폭풍이 오면 도로가 얼어붙어 차가 다닐 수 없게 되고, 나무와 전선, 각종 시설물이 얼음의 무게를 견디지 못해 무너져 내립니다.

미국 역시 큰 피해를 보았습니다. 모든 게 꽁꽁 얼거나 부서졌어요. 시설물이 무너지면서 주택과 건물에 또 다른 피해를 끼치기도 했어요. 전선이 끊어져 전력 공급도 힘들었습니다. 오클라호마 주에서는 약 60만 가구가 전력이 끊긴 채로 일주일을 보내야 했어요. 2005년 12월에도 미국 남부 지역에 얼음폭풍이 들이닥쳐 70만 가구에 전력 공급이 끊기는 대규모 정전 사태가 일어났습니다. 2007년에 들이닥친 얼음폭풍도 무려 23명이나 되는 인명 피해를 냈답니다. 이처럼 얼음폭풍은 우리나라에서는 익숙하지 않은 자연재해이지만 다른 나라에서는 큰 피해를 주고 있어요.

생명을 빼앗는 폭염

2008년 7월 여름, 유난히 뜨거운 날씨가 계속되더니 더위 때문에 한 달 사이 세 명이나 목숨을 잃고 말았습니다. 여름에는 원래 뜨거운 햇볕이 내리쬐는데 왜 그때만 유독 피해가 컸을까요? 그 이유는 바로 폭염 때문이었습니다.

폭염은 날이 몹시 더운 상태를 뜻하는 말이에요. 불볕더위라고도 하지요. 32℃ 이상의 기온이 이틀 이상 계속될 때에는 폭염 주의보가 내려지기도 합니다. 해가 바뀔수록 폭염이 발생하는 횟수가 점점 늘어나면서, 이제 폭염은 인간의 생명을 위협하는 기상이변 중 하나로 손꼽히고 있습니다.

폭염. ⓒ High Contrast@the Wikimedia Commons

2003년 유럽에서 발생한 폭염은 그 피해가 엄청났습니다. 무려 3만 5,000여 명이나 목숨을 잃었기 때문이에요. 더위 때문에 3만 5,000여 명이나 죽다니, 정말 믿기지 않을 만큼 무시무시한 더위이지요? 유럽 중에서도 가장 큰 피해를 본 곳은 프랑스였습니다. 사망자가 제일 많이 발생한 곳도 바로 프랑스였지요. 당시 많은 사람이 높은 열에 시달리다 숨을 거뒀는데, 이때 유럽은 40℃가 넘는 온도를 기록하고 있었어요. 네덜란드는 37.8℃까지 오르며 약 1,500명이 사망했고, 영국은 38.5℃, 스페인은 45.1℃, 독일은 41℃를 기록했습니다. 폭염은 인간뿐만 아니라 자연에도 영향을 미쳐서 긴 가뭄도 왔어요. 그 탓에 2003년에는 평소 거둬들이던 수확량의 10%만 수확할 수 있었습니다. 이처럼 인간의 생명을 위협하는 폭염은 20세기의 큰 재앙이라고 불릴 만해요.

열대 지방에 내린 눈

2008년 9월 3일, 높고 푸른 하늘에서 새하얀 눈이 내렸습니다. 9월에 눈이 내리다니 무척 신기하지 않나요? 하지만 그것보다 더 신기한 점이 있습니다. 눈이 내린 곳이 바로 아프리카 케냐라는 점이에요! 아프리카는 1년 내내 무더운 더위가 이어질 듯한데 차가운 눈이 내린 것이지요. 뉴스를 보지 않은 사람들은 아마 케냐에 눈이 내렸다는 이야기가 거짓말이라고 생각했을 거예요. 하지만 정말로 케냐에 눈이 내렸답니다. 적도의 나라에 처음으로 눈이 내린 거예요.

이렇게 뜨거운 케냐에 눈이 내리다니…. 지구에 문제가 생긴 것은 아닐까?

케냐. ⓒ Adorenomis@flickr.com

처음으로 눈이 내린 케냐.
ⓒ Lengai101 @the Wikimedia Commons

눈이 오던 날, 케냐의 주민은 학교와 직장에 가지 않았습니다. 사람들은 난생처음 보는 눈으로 온종일 눈싸움을 했어요. 어떤 사람은 차가운 눈덩이로 무얼 할 수 있는지 알 수 없어서 한참을 고민하기도 했답니다.

케냐에 눈이 내린 이유는 인도양에서 불어온 차가운 공기와 콩고에서 불어온 따뜻한 공기가 만났기 때문이라고 알려졌습니다. 살면서 처음으로 눈을 보게 된 케냐 사람들을 생각하면 기쁜 일이지만, 이건 혹시 지구에 어떤 문제가 생겼다는 징조는 아닐까요?

대구 하면 사과일까요?

분지

높은 지형으로 둘러싸인 평지를 말해요. 보통의 평야보다 더 높은 곳에 있으며, 기온이 제일 낮을 때와 높을 때의 차이가 큰 것이 특징입니다.

예로부터 대구는 사과로 유명했습니다. 분지인 대구는 맛 좋은 사과를 재배하기에 알맞은 조건을 갖추었거든요. 1945년 이후 대구는 유명한 사과 재배지로 이름이 나기 시작했어요. 1960년대 초에는 우리나라 사과의 85.5%를 경상북도에서 생산하였으며, 그중의 반을 대구에서 생산하였답니다. 탐스럽고 품질 좋은 대구 사과는 전국 어떤 사과보다도 유명했지요. 하지만 이

제는 다 20년 전 이야기랍니다. 언제부터인지 대구에서 사과를 찾아보기 어려워졌어요. 왜일까요?

사과는 평균 기온이 8~11℃의 비교적 서늘한 기후에서 자라는 과일이에요. 하지만 대구는 지구온난화로 인해 점점 더 더워졌습니다. 그 때문에 사과의 재배가 힘들어졌지요. 사과를 재배할 때 가장 중요한 것은 열매의 색깔이에요. 사과가 익을 때 기온이 내려가야 사과 속 엽록소가 줄면서 붉은 색이 나옵니다. 하지만 여름 동안 한껏 높아진 대구 기온은 이제 가을이 되어도 예전만큼 서늘해지지 않아요. 그래서 대구의 사과는 예전의 붉고 탐스러운 색을 잃고 만 것이에요. 이러한 이유로 사과의 주요 재배지는 대구보다 위쪽 지방으로 이동하게 되었습니다. 기온이 좀 더 낮은 지방으로 옮겨 갔지요. 대구에서 사과를 재배하던 한 농부는 강원도 양구로 터전을 옮겨 사과를 재배하기도 했습니다.

이러한 현상은 한라봉에도 나타났습니다. 한라봉은 주로 제주도에서 나는 과일이었어요. 하지만 지금은 전라남도 나주에서도 재배되고 있습니다. 이렇게 기상이변은 우리나라의 기온과 사람들의 생활을 바꾸었습니다. 또 몇 년 후에는 사과나 한라봉이 어디에서 재배되고 있을까요?

점점 북쪽으로 옮겨 가는 과일 재배지, 이러다 우리나라에서 사과를 볼 수 없게 되는 것은 아닐까요?

이제 나주에서도 탐스러운 한라봉이 자란다.

때아닌 폭설

2005년 3월, 부산에 눈이 내렸습니다. 부산은 따뜻한 남쪽에 위치한 도시라 한겨울에도 눈이 잘 내리지 않아요. 평생 눈을 못 보는 사람도 있을 정도랍니다. 그러니 갑자기 찾아온 눈이 얼마나 반가웠을까요? 부산 시민은 내리는 눈을 반기며 한껏 들떴습니다. 하지만 그런 기분도 잠시, 눈은 멈추지 않고 계속 쏟아졌어요. 그 눈은 100년 만의 폭설이었던 거예요. 봄을 맞이하기 위해 남쪽에서 올라오던 따뜻한 공기가, 북쪽에서 갑자기 내려온 차가운 공기와 만나 계속해서 부산에 눈이 내렸습니다. 시간당 10cm의 눈이 쌓였고, 심한 곳은 60cm도 넘게 쌓였어요. 도로는 순식간에 마비되었습니다. 도로에 잔뜩 쌓인 눈 때문에 꼼짝할 수가 없었어요. 골프장이 무너지기도 했고, 눈 무게를 이기지 못

부산에 내린 눈. © 이건욱.

폭설이 내린 뉴질랜드. ⓒ Kiwi Discovery@flickr.com

하여 전선이 끊어져서 정전된 마을도 있었습니다.

이런 일은 적도의 남쪽에 있는 뉴질랜드에서도 일어났습니다. 2005년 9월, 우리나라와 계절이 반대인 뉴질랜드는 이제 막 따뜻한 봄으로 접어들고 있었어요. 그런데 갑자기 강풍과 함께 폭설이 내렸습니다. 일부 도로가 폐쇄되고, 몇몇 학교는 휴교했습니다. 많은 농작물이 피해를 입었고, 전기가 끊기거나 건물이 무너지는 등 재산 피해도 심각했어요.

언제부터인가 봄을 맞아야 할 때 눈이 내리곤 합니다. 이러다가 봄이 없어지고 바로 여름이 오는 것은 아닐까요?

TIP 요건 몰랐지?

한여름에 우박이 내렸어요

우박. ⓒ Picture 057@flickr.com

2006년 5월 17일, 독일 뮌헨 거리에서 있었던 일입니다. 그날은 따뜻한 햇볕이 드는 날이었습니다. 산책하기에 딱 좋은 날씨였지요. 그런데 오후 늦게부터 갑자기 폭풍우가 몰아치며 눈과 우박이 내리는 게 아니겠어요? 어느새 길가에는 눈과 우박이 수북하게 쌓였습니다.

한 달이 지난 6월 30일, 독일에 또 한 번 우박과 함께 폭풍우가 몰아쳤습니다. 이번에 내린 우박은 그 크기가 테니스공만 했어요. 갑자기 떨어지는 엄청난 크기의 우박에 한 명이 숨지고 100여 명이 다쳤습니다. 지붕에 구멍이 생기기도 했고, 승용차 유리창이 깨지기도 했어요. 이 모든 일은 낮 기온이 30℃ 가까이 되던 뜨거운 여름날에 갑자기 일어난 일이었습니다.

우박은 큰 물방울이 찬 기운을 만나 얼어붙어서 땅으로 떨어지는 얼음덩어리를 말합니다. 크기는 보통 지름 1㎝보다 작지요. 그러므로 테니스공만 한 우박이 떨어지는 일은 무척 보기 드문 일이에요. 또한 보통 우박은 기온이 섭씨 5~25℃ 사이일 때 가장 많이 내려요. 30℃ 가까이 되는 뜨거운 날에 갑자기 내린 커다란 우박, 정말 이상하지 않나요?

기상이변의 원인과 해결 방안

뜨거운 열대 지방에 눈이 내리고, 내리쬐는 불볕더위가 사람의 생명을 빼앗으며, 비는 내리자마자 얼어붙어 도시 전체를 마비시킵니다. 이 모든 현상은 기상이변 탓에 일어난 일이에요. 전에는 생각지도 못했던 일들이 하나 둘씩 벌어지고 있어요. 이젠 또 어떤 기상이변들이 우리 앞에 나타나게 될지 조금씩 겁이 납니다. 도대체 이런 기상이변들은 왜 생기는 것일까요?

첫 번째 원인으로 지구온난화를 꼽을 수 있습니다. 지구온난화가 점점 더 심해지는 이유는 이산화탄소, 메탄 등과 같은 온실가스의 사용이 늘어

캐나다의 기온이 50℃까지 올라가서 동물도 지쳤다. ⓒ MSVG@flickr.com

났기 때문이에요. 태양의 빛과 열이 지구의 겉면에 부딪혔다가 다시 반사되어야 하는데, 온실가스는 이 태양의 열을 일부 흡수하여 대기에 가둬 둡니다. 이 때문에 대기의 온도가 점점 오르는 현상을 온실효과라고 해요. 온실효과는 지구의 기온을 높이는 지구온난화로 이어지고, 이는 기상이변을 일으키는 원인이 됩니다.

지구온난화를 막기 위해서는 온실가스의 양을 줄여야 해요. 특히 온실가스를 만들어 내는 주범인 공장과 자동차의 이산화탄소를 줄이는 일이 가장 중요합니다.

두 번째 기상이변의 원인은 엘니뇨입니다. 이는 열대 동태평양 적도 부근 해수면의 온도가 평소보다 0.5℃ 높은 상태로 5개월 이상 계속되는 현상을 말해요. 동태평양의 수온이 높아지면 공기가 서태평양 쪽으로 흐르게

됩니다. 그러면 화창한 날씨였던 페루 등 남아메리카에서는 엄청난 양의 비가 내리고, 반대로 하루에도 몇 차례씩 비가 내리던 동남아시아에서는 비를 보기 어려워집니다. 엘니뇨 때문에 변한 해수면의 온도와 대기의 이동은 태풍과 같은 열대성 저기압에도 영향을 줄 수 있어요. 이는 해일이나 홍수와 같은 기상이변을 일으키기도 합니다.

세 번째 기상이변의 원인은 엘니뇨와 반대 현상인 라니냐입니다. 이는 동태평양 적도 부근 해수면의 온도가 평소보다 0.5℃ 낮은 상태로 5개월 이상 계속되는 현상을 말해요. 라니냐가 발생하면 차가운 공기의 이동으로 동남아시아와 아프리카 남동부 등에는 태풍이 불고 폭우가 내리며, 아메리카 서부 해안에는 가뭄이 일어납니다.

내 이름은 무역풍,
내가 변하면 엘니뇨나
라니냐가 일어나지!

엘니뇨와 라니냐 모두 적도에서 부는 무역풍에 의해 생기는 현상입니다. 무역풍이란 기압이 높은 곳에서 낮은 곳으로 부는 바람을 말해요. 비교적 일정한 바람이 불고, 기온이 높으며 습기가 많지요. 그런데 이 무역풍의 세기에 변화가 생기면 엘니뇨나 라니냐 같은 현상이 일어납니다. 무역풍이 약해지면 엘니뇨가, 강해지면 라니냐가 발생하는 것이에요. 이런 무역풍의 세기 변화는 해수면의 온도 변화 때문에 생깁니다. 그러니 이는 곧 지구온난화와 연관 지을 수 있는 것이랍니다.

결국 지구온난화의 원인은 인간에게 있습니다. 기상이변이 일어나는 데에는 인간에게도 책임이 있다는 뜻이지요. 자연의 위대한 힘에 비하면 인간의 힘은 아주 약할지도 몰라요. 하지만 한 사람, 한 사람이 힘을 합친다면 조금이나마 기상이변을 막을 수 있지 않을까요?

TIP 요건 몰랐지?

엘니뇨가 만든 붉은 바다

푸른 바닷물이 붉게 변할 수 있다는 사실을 알고 있나요? 무엇이 그렇게 만드냐고요? 바로 엘니뇨지요!

엘니뇨로 바닷물의 온도가 올라가면 플랑크톤이 더욱 활발하게 번식합니다. 플랑크톤이 갑작스럽게 늘어나면 바다나 강, 호수 등의 색깔이 플랑크톤의 색에 따라 바뀌게 되는데 보통은 붉게 변하지요. 이렇게 물이 붉게 변하는 것을 '적조'라고 불러요.

적조 때문에 붉게 변한 바다.

적조가 일어나면 플랑크톤 수는 늘어나고 물속의 산소는 줄어듭니다. 그렇게 되면 물속에 사는 물고기와 조개가 숨을 쉬지 못해서 죽게 되어요. 플랑크톤의 수가 많다 보니 아가미에 플랑크톤이 끼여 질식하는 물고기도 생깁니다. 이렇듯 적조는 어업과 양식업에 큰 타격을 줄 수 있어요. 실제로 2007년 9월 남해안에는 최악의 적조가 일어났고, 그 때문에 한 달 동안 어류가 680만 마리나 죽었습니다. 피해액은 115억 원 가까이 됐다고 해요.

Q&A 꼭 알고 넘어가자!

문제 1 기상이변이란 무엇일까요? 기상이변에 뒤따르는 자연재해로는 어떤 것들이 있을까요?

문제 2 대구는 사과로 유명한 지역입니다. 그런데 지금은 그 명성이 예전 같지 않지요. 무엇 때문일까요?

3. 지구온난화는 이산화탄소, 메탄 등과 같은 온실가스 때문에 일어납니다. 태양이 빛을 내보내면 이 빛이 지구의 겉면에 부딪혔다가 다시 반사되어야 하는데, 온실가스는 태양열을 대기에 가둡니다. 이를 온실효과라고 해요. 온실가스를 줄이기 위해서는 대중교통을 이용하거나, 에너지 자원을 절약하는 것이 좋은 방법입니다.

4. 엘니뇨는 열대 동태평양 적도 부근 해수면의 온도가 평소보다 0.5℃ 높은 상태로 5개월 이상 계속되는 현상을 말해요. 반대로 라니냐는 동태평양 적도 부근 해수면의 온도가 평소보다 0.5℃ 낮은 상태로 5개월 이상 계속되는 현상을 말합니다. 이러한 엘니뇨와 라니냐는 무역풍에 의하여 생기는 현상입니다. 무역풍이 약해지면 엘니뇨가, 강해지면 라니냐가 생기는 것이지요.

문제 3 지구온난화가 일어나는 이유는 무엇일까요? 또 지구온난화를 예방하기 위해선 어떻게 해야 할까요?

문제 4 기상이변의 원인인 엘니뇨와 라니냐의 차이점에 대해서 이야기해 보세요.

정답

1. 지난 30년간의 기상과는 아주 다른 기이한 기상 현상을 기상이변이라고 합니다. 그 원인으로는 지구온난화, 엘니뇨, 라니냐 등이 있지요. 이러한 기상이변이 일으키는 자연재해로는 얼음폭풍, 기온 변화, 폭염, 폭설, 우박 등이 있습니다.

2. 사과는 평균 기온이 8~11℃의 기후에서 자라는 과일이에요. 그런데 지구온난화 때문에 대구의 기온이 점점 더 올라가서 이젠 사과가 자라기에 어려운 환경이 되었습니다. 사과가 붉게 변하려면 날씨가 서늘해져야 하는데, 이제 대구는 예전만큼 서늘해지지 않아요. 그래서 좀 더 서늘한 지역으로 사과 재배 지역이 옮겨 갔답니다.